BEI GRIN MACHT SICH IHR WISSEN BEZAHLT

- Wir veröffentlichen Ihre Hausarbeit,
  Bachelor- und Masterarbeit

- Ihr eigenes eBook und Buch -
  weltweit in allen wichtigen Shops

- Verdienen Sie an jedem Verkauf

Jetzt bei www.GRIN.com hochladen und kostenlos publizieren

Bibliografische Information der Deutschen Nationalbibliothek:

Die Deutsche Bibliothek verzeichnet diese Publikation in der Deutschen National-
bibliografie; detaillierte bibliografische Daten sind im Internet über http://dnb.d-
nb.de/ abrufbar.

Impressum:

Copyright © 2014 GRIN Verlag, Open Publishing GmbH
Druck und Bindung: Books on Demand GmbH, Norderstedt Germany
ISBN: 978-3-668-08400-1

Dieses Buch bei GRIN:

http://www.grin.com/de/e-book/309823/vegetarismus-die-auswirkungen-von-
vegetarischer-ernaehrung-auf-gesundheit

Vanessa Scholz

Vegetarismus. Die Auswirkungen von vegetarischer Ernährung auf Gesundheit und Gesellschaft

GRIN Verlag

Inhalt

Vorbemerkungen

Ich habe das Thema 'Probleme und Vorurteile vegetarischer Ernährung' gewählt, da ich selber seit mehreren Jahren Vegetarierin bin und mich somit mit diesem Thema täglich auseinandersetzte und auskenne.

Zu Beginn werde ich den Begriff Vegetarismus klären und mich mit den Formen auseinandersetzen, bevor ich zu den verschiedenen Beweggründen komme. Anschließend gehe ich auf die gesundheitlichen Folgen ein und beschäftige mich damit, inwiefern eine fleischlose Ernährung einer gesunden, vollwertigen Ernährung entspricht. Dies wird mein erster Schwerpunkt sein. Der zweite Bereich, auf den ich mich konzentrieren will ist Vegetarismus in der heutigen Gesellschaft und wie er unter Jugendlichen - also meiner Altersgruppe - verbreitet ist. Zu diesem Thema führte ich auch eine Umfrage an unserer Schule in den Klassen 10 und an der Oberschule Wermsdorf mit der Abschlussklasse 10 b durch. Zum Ende meiner Facharbeit werde ich ein Fazit ziehen.

Folgende Fragen will ich mit meiner Facharbeit beantworten:

- Inwiefern entspricht Vegetarismus der gesunden Ernährung?

- Welche gesundheitlichen Vorteile bietet diese alternative Ernährungsform?

- Wie findet man eine fleischlose Ernährung in der Gesellschaft wieder?

Ich beschränke mich bei der Auswertung meiner Ergebnisse lediglich auf den Vegetarismus und den damit direkt verbunden Formen und verzichte darauf, etwas zum Veganismus zu schreiben.

1. Begriffserklärung

Der Begriff Vegetarismus leitet sich aus dem lateinischen Wort vegetare (=beleben) ab und wurde erstmals von dem Philosophen Pythagoras (Griechenland, 570-500 v. Chr.) erwähnt und bezeichnet verallgemeinert den Verzicht von Fleisch und Fisch bei der Ernährung. Allerdings definiert der Terminus Vegetarismus nicht nur eine fleischlose Ernährungsform, sondern viel mehr einen Lebensstil, welche durch das kritische Hinterfragen anderer Lebensbereiche hervorgerufen wird. So haben Vegetarier - Personen, welche sich dieser alternativen Ernährungsform anschließen - oftmals ein größeres und erweitertes Bewusstsein für Gesundheit, Ernährung und Sport und bevorzugen beispielsweise mehr Bioprodukte oder verzichten auf Konsumgüter, wie Alkohol, Nikotin oder Kaffee (1).

Je nach der Einbeziehung von Lebensmitteln, die von einem lebenden Tier stammen unterteilt man die Hauptformen des Vegetarismus. Die meist verbreitete Form ist der Lakto-Ovo-Vegetarismus, welcher von zwei Dritteln der Vegetarier in Deutschland ausgeübt wird und den Verzehr von Milch und Eiern, sowie darauf bestehende Produkte einschließt. Neben dieser Form existiert noch der Lakto-Vegetarier, welcher den Konsum von Eiern ausschliest, und der Ovo-Vegetarier, welcher Milch und Milchprodukte meidet.

Die strikteste und konsequenteste Form des Vegetarismus ist der Veganismus, welcher alle von Tieren stammenden Produkte und Honig ablehnt. Pudding-Vegetarier verzichten zwar auf Fleisch und Fisch, ersetzten dieses Weglassen allerding mit dem Konsum von stark verarbeiteten Produkten und Fast Food, welche arm an Nährstoffen und Vitaminen sind. Somit fehlt der vegetarische, bewusste Lebensstil.

Vegetarismus gilt als wachsender Trend: Laut einer Untersuchung der Gesellschaft für Konsum (GfK) in Nürnberg ernährten sich 1983 lediglich 0,6 % der deutschen Bevölkerung fleischlos. Zum großen Boom der vegetarischen Ernährung kam es erst nach der Jahrtausendwende: Als immer mehr Lebensmittelskandale bekannt werden und man unter anderem Tierantibiotika und Hormone in Fleisch und Wurst findet, entscheiden sich viele für eine vegetarische Ernährung. So ernähren sich nach dem 'Rinderwahn' (BSE-Fall) 2000 rund 15% der Deutschen vegetarisch (?) Dieser relativ hohe Prozentsatz senkte sich allerdings schnell wieder ab auf 7,7% (3). Heute ernähren sich mehr als 7 Millionen Deutsche vegetarisch und 800.000 vegan (4).

Somit verzichten in der BRD circa 9% auf Fleisch, Wurst und Fisch. Weltweit schätzt man etwa 1 Milliarde Vegetarier und Veganer, wovon sich die meisten in Indien (40%) (5) befinden. Laut der Vegetarier Studie der Universität Jena ist der typische Vegetarier weiblich, unter 30 Jahre alt, lebt urban und hat mindestens das Abitur erreicht.

2. Gründe und Motivation

'Der Trend ins Vegetarische ist unaufhaltsam. Vielleicht isst in 100 Jahren kein Mensch mehr Fleisch' - Helmut Macher, ehemaliger Generaldirektor von Nestlé (6)

Aber warum entscheiden sich immer mehr Menschen gegen den Verzehr tierischer Produkte? Für eine vegetarische Ernährung gibt es viele moralische Gründe, allerdings bietet sie auch gesundheitliche Vorteile.

2.1 Ethisch-moralische Gründe

Die meisten empfinden es als falsch, den Tieren Leid zuzufügen oder entscheiden sich für den Vegetarismus aus Mitgefühl. Auch „Ethiker fordern für Tiere Rechte ein, die bislang ausschließlich Menschen vorbehalten waren, etwa das Recht auf körperliche Unversehrtheit." (7) und gehen sogar soweit, dass sie das Schlachten von Tieren mit Diskriminierung und Rassentrennung gleichsetzen. Allerdings kann es auch zu einen sogenannten Schlüsselereignis kommen, welches sich auf die Moral bezieht, wie zum Beispiel ein Besuch im Schlachthaus, eine Dokumentation über die Massentierhaltung oder wenn das geliebte Haustier geschlachtet wird und einem als Kaninchenbraten vorgesetzt wird.

Ein weiterer Grund Fleischverzehr abzulehnen ist die Goldene Regel 'Behandle andere so, wie Du von ihnen behandelt werden willst', welche sich in allen Religionen wiederfinden lässt. Der Konsum von Fleisch ist im Hinduismus, welcher Gewaltlosigkeit gegenüber allen Lebewesen predigt, ein Tabu-Thema. Auch in der Bibel gibt es mit dem 5. Gebot „Du sollst nicht töten" und „Allein esset das Fleisch nicht, das noch lebt in seinem Blut" (8) ein klares Bekenntnis zur vegetarischen Ernährung.

Wie in der bei 1.0 bereits erwähnten Vegetarier Studie der Friedrich-Schiller Universität Jena gaben von 2517 teilnehmendem Vegetarier 62% an, dass sie aus moralischen Gründen Fleisch ablehnen.

2.2 Gesundheitliche Gründe

Bei der erwähnten Studie gaben 20% an, sich aus gesundheitlichen oder kosmetischen Gründen entschieden zu haben, Vegetarier zu werden. Die vegetarische Kost bringt alle Merkmale einer gesunden, leichten und ausgewogenen Kost zum Vorschein, wie zum Beispiel eine geringe Nährwertdichte, aber viele Ballaststoffe und Vitamine. Dies sind Voraussetzungen für eine geistige und körperliche Fitness. Auf keinen Fall sollte auch die „subjektive [...] Verbesserung des individuellen Wohlbefindens" (9) unterschätzt werden. Durch den Verzicht auf Fleisch fühlen sich viele Menschen leichter und freier im Magen sowie auf der Seele. Ein vollgestopftes und aufgeblähtes Gefühl im Magen wie nach einer Portion Braten oder Eisbein kennen Vegetarier nicht. Viele Studien weisen darauf hin, dass eine vegetarische Ernährung zur Heilung und Vorbeugung ernährungsbedingter Krankheiten wirksam ist und das Risiko für Herzkrankheiten, Gicht und Übergewicht senken.

Ob dies allerdings allein auf die Ernährung zurück zuführen ist, ist nicht bewiesen, da Vegetarier und Veganer allgemein gesünder leben und unter anderem auch auf Alkohol und Nikotin verzichten. Das Ziel ist es, etwas Gutes für sich und seinen Körper zu machen und neue Leistungen körperlich sowie geistig zu erreichen. Man sollte Vegetarismus nicht als Diät sehen oder es damit übertreiben, sonst kann es schnell zu einer zwanghaften Krankheit werden und zur Magersucht führen. Inwiefern Vegetarismus der gesunder Ernährung entspricht und welche gesundheitlichen Folgen daraus hervorgehen möchte ich bei 3.0 gesundheitlichen Folgen und besonders bei 3.3 Inwiefern entspricht Vegetarismus der gesunden Ernährung näher betrachten..

3. Gesundheitliche Folgen

Nichts beeinflusst unsere körperlichen und geistigen Leistungen so stark wie unsere Ernährung. Fehlt etwas bei der Ernährung, wie Vitamine oder Ballaststoffe, welche essentiell sind und nicht vom Körper selber synthetisiert werden können, kommt es zu Mangelerscheinungen, welche zu Kopfschmerzen und schlimmstenfalls auch zu schwerwiegenden Krankheiten führen können. Auch das Gewicht ist überwiegend von der Ernährung abhängig. Bei Übergewicht erhöht sich das Risiko, an Gicht oder Diabetes zu erkranken. Bei starkem, durch eine zu geringe Nahrungsaufnahme verursachtem   Untergewicht   kommt   es   zu   Mangelerscheinungen   oder Schwächeanfällen.

3.1 Beeinflussung von Zivilisationskrankheiten und psychischer Krankheiten

Bei einer ausgewogenen vegetarischen Ernährung nimmt man genug Vitamine, Ballaststoffe und einfach ungesättigte Fettsäuren auf, welche gewissen Krankheiten vorbeugen. Dies und ein gesundheitsbewusster Lebensstil sind verantwortlich, dass die Lebenserwartung bei Vegetariern deutlich über den von Ominösen liegt (10). Durch den geringeren Nährgehalt vegetarischer Kost und das Weglassen von gesättigten Fettsäuren, welche nur in tierischen Produkten zu finden sind, leiden Vegetarier weniger an Übergewicht (11) und folglich weniger an Krankheiten, welche davon verursacht werden. Ebenso   sinkt   das   Risiko   für   Herz - und Kreislauferkrankungen bei einer vollwertigen vegetarischen Ernährung deutlich. Der Verzehr von Fleisch steht nicht nur im Zusammenhang mit Herzerkrankungen, sondern auch mit Leber-,Nieren- und Nervenkrankheiten, da im Fleisch noch unter anderem Wachstumshormone und Pestizide sowie tierische Antibiotika enthalten sind, welche in die Blutlaufbahn kommen und Nerven schädigen und in der Leber und Niere abgebaut werden müssen.

"Eine Studie der University of California-Berkely stellt außerdem einen Zusammenhang zwischen dem Verzehr von Rindfleisch und Harnwegsinfektionen bei Frauen fest." (12). „Es hat sich gezeigt, dass Vegetarier und Veganer eine etwas höhere Wahrscheinlichkeit für Orthorexia haben als die Gesamtbevölkerung." (13), da Vegetarier eine ohnehin schon speziellere Ernährungsweise haben. Orthorexia Nervosa ist eine Essstörung, bei welcher man den Zwang hat nur 'gesunde' Lebensmittel zu sich zu nehmen. Es geht dabei mehr um die Qualität und die Inhaltsstoffe der Nahrung als um Geschmack, ebenso steht nicht wie bei Anorexia Nervosa die Gewichtsabnahme um Vordergrund. Auch Vegetarier und Veganer unterteilen ihre Lebensmittel in 'gut' (zum Beispiel Gemüse, Obst,...) und 'schlecht' (Fleisch, Fisch und je nach Form auch Milch, Eier oder Honig und je nach Lebensstil auch Genussmittel).

Obwohl ich unter 2.2 Gesundheitliche Gründe geschrieben hatte, dass Vegetarier sich geistig leichter und freier fühlen, kamen 7 in Deutschland durchgeführte Studien zu dem Ergebnis, dass Vegetarier eher zu Depressionen, Angst-und Essstörungen neigen als Fleischesser (14). Ebenso zeigen 25% aller Vegetarier Anfänge einer

Essstörung, wie übertriebene Diäten oder erzwungenes Erbrechen (15). Allerdings treten diese psychischen Krankheiten auch eher bei jungen Frauen, welche auch häufiger Vegetarierinnen sind, auf. Ebenso muss beachtet werden, dass viele junge Frauen und auch Mädchen aus kosmetischen Gründen, wie zum Beispiel der Gewichtsabnahme oder zur Bekämpfung von Hautunreinheiten, auf Fleisch und andere tierische Produkte verzichten. Wenn man seine Ernährung aus diesen Gründen umstellt, kann es passieren, dass Essen keinen Spaß mehr macht. Dies könnte Depressionen und psychosomatische Erkrankungen zur Folge haben, dann aber nicht weil man kein Fleisch mehr konsumiert, sondern weil man an einer Essstörung leidet.

3.2 Vergleich Vegetarischer Ernährung mit Mischkost

Im direkten Vergleich beider Ernährungsformen stellt man fest, dass bei der vegetarischen Ernährung die Nahrungsenergiezufuhr geringer ist als bei der Ominösen. Auch bei der Proteinversorgung nehmen Vegetarier weniger zu sich als Fleischesser. Da aber der empfohlene Wert 0,8 g pro kg Körpergewicht ist und Misch- Köstler 80 g Eiweiß am Tag und somit fast doppelt so viel wie empfohlen zu sich nehmen, leiden Vegetarier nicht an Eiweißmangel und nehmen immer noch mehr als genug zu sich. Fast genauso ist es bei dem Fettkonsum: Empfohlen sind am Tag ca. 40 g Fett, welches 25-30% der Hauptnährstoffe ausmachen sollte und sich aus mehr ungesättigten als gesättigten Fettsäuren zusammensetzten sollte. Vegetarier konsumieren weniger Fett als Allesesser und liegen damit genau im Bereich der Empfehlungen. Dazu nehmen sie kaum gesättigte Fettsäuren zu sich. Eine Ausnahme bilden hier allerdings die Liktor-Vegetarier, welche durch den Konsum von Milchprodukten genauso wie Fleischesser über den Richtwert liegen. Menschen die nicht auf Fleisch verzichten nehmen am Tag fast doppelt so viel Fett zu sich wie empfohlen.

Anders sieht es bei den Kohlenhydraten aus: Auf Grund des größeren Konsums von Obst und Getreideprodukten nehmen Vegetarier genug Kohlenhydrate, welche meistens Stärke oder Fructose sind, zu sich. Somit erreicht man bei einer vollwertigen vegetarischen Kost die empfohlene Menge an Kohlenhydraten und überschreitet diese sogar meistens. Bei Fleischessern besteht wegen der großen Menge an Eiweiß und Fetten der Anteil der Kohlenhydrate bei den Hauptnährstoffen nur bei etwa 45%, statt der empfohlenen 50-60%. Dies liegt unter anderem daran, dass tierische Produkte so gut wie keine Kohlenhydrate haben und man diese überwiegend in pflanzlichen Lebensmitteln findet. Das Vegetarier oft an Vitaminmangel leiden ist ein Vorurteil, da sie, ebenso wie Fleischesser, die ausreichende Menge aller Vitamine zu sich nehmen. Allerdings wird es teilweile bei Vitamin A und D kritisch. Durch den höheren Konsum vom pflanzlichen Lebensmittel liegen Vegetarier deutlich höher über den Richtwert von Ballaststoffen, Fleischesser dagegen liegen weit darunter.

3.3 Inwiefern entspricht Vegetarismus der gesunden Ernährung?

Eine gesunde und vollwertige Ernährung sollte aus genügend Kohlenhydraten, Proteinen und Fetten, sowie Vitaminen, Mineral- und Ballaststoffen bestehen [16]. Dabei sollte die Nahrungsenergie ausreichend sein und die Fette überwiegend aus gesunden einfach ungesättigten Fettsäuren bestehen und weniger aus gesättigten. Darüber hinaus sollten wenig Fremd -und Schadstoffe sowie andere Inhalte, welche die Gesundheit beeinträchtigen könnten, wie beispielsweise Cholesterin, enthalten sein. Als eine Faustregel für gesunde Ernährung gilt sich vorher zu fragen „Gäbe es dieses Produkt ohne die Lebensmittelindustrie und könnte ich es ohne jegliches Werkzeug oder Equipment zubereiten?" Kann man diese Fragen mit ja beantworten, z.B. bei Kartoffeln oder anderem Gemüse, ist das Produkt „gesund", bei nein wie es z.B. bei Kartoffelchips der Fall ist, gilt das Produkt als „ungesund".

Um zu beurteilen, wie weit Vegetarismus wirklich der gesunden Ernährung entspricht, sollte man prüfen welche Punkte des Kriterienkataloges für gesunde Ernährung erfüllt werden[1].

1.Kriterium: Auszureichende Nährstoffversorgung

Ohne Frage erfüllt eine vollwertige vegetarische Ernährung diesen Punkt, wobei er schwerer zu erfüllen ist als bei einer Ernährung mit Fleisch, da Gemüse oftmals eine geringere Nährenergie enthält als Fleisch und Fisch. Wichtig ist bei diesem Punkt, dass auch Vollkornprodukte verzehrt werden, um genügend Kohlenhydrate und Kalorien zu erhalten.

2. Erhaltung der Gesundheit

---

[1] Siehe Anhang

In den vorherigen Teilen meiner Facharbeit habe ich festgestellt, dass Vegetarismus gut für den Körper und die Gesundheit ist. Bei einer vegetarischen Ernährung nimmt man genug Vitamine, Mineral- und Ballaststoffe zu sich, und wenig gesättigte Fettsäuren, welche in tierischen Lebensmitteln enthalten sind. Dies trägt auf jeden Fall zur Erhaltung bzw. Verbesserung der Gesundheit bei, wie man es aus diversen Studien entnehmen kann.

3. Eignung für alle Lebensphasen und Bevölkerungsgruppen

Das eine fleischlose Ernährung für Schwangere und Kinder ungesund bzw. sogar gesundheitsgefährdend sein könnte, ist ein alter Mythos. Aus ernährungsphysiologischer Sicht ist eine vegetarische Ernährung sowohl für Erwachsene und Kinder, sowie Schwangere und ältere Menschen geeignet (16). Zwar tritt in der Schwangerschaft und beim Heranwachsen eines Kindes ein erhöhter Nährstoffbedarf auf, allerdings lässt dieser sich problemlos decken. Die Voraussetzung ist allerdings, eine ausgewogene und vollwertige Ernährung: Man sollte das Gemüse nicht heiß kochen und lieber roh verzehren, damit keine Vitamine zerstört werden. Ebenso sollte man besonders in diesen Phasen auf Vollkornprodukte- insbesondere aus Roggen - Wert legen und stark verarbeitete Produkte aus weißem Mehl meiden. Oftmals heißt es, dass man als Kind nicht auf Fleisch verzichten sollte, da es wichtig für das Wachstum ist. Das stimmt nicht. Zwar sind statistisch gesehen Vegetarier kleiner als Fleischesser. Das liegt allerdings nicht daran, dass in der vegetarischen Ernährung etwas Wichtiges für das Wachstum fehlt, sondern das die im Fleisch noch enthaltenen Wachstumsmittel und Hormone Fleischesser größer werden lassen. Diese Hormone führen unter anderem auch dazu, dass junge Mädchen ihre Periode immer früher bekommen (17). Eine Lakto- (Ovo) vegetarische Ernährung ist allerdings unbedenklich.

4. Vorteile gegenüber anderen Ernährungsformen

Ein Vorteil gegenüber der Ernährung mit Fleisch ist unter anderem, das geringere Risiko an Übergewicht zu erkranken und die damit verbunden Krankheiten. "Laut wissenschaftlichen Studien haben Vegetarier eine 8-10% längere Lebenserwartung." (18) Ebenso befindet man sich näher an den Richtwerten von Protein, Fetten und Kohlenhydraten als wenn man täglich Fleisch zu sich nimmt. Ein zu hoher Konsum von Eiweiß kann die Nieren verstärkt belasten. Auch im Vergleich mit der Low-Carb-

Ernährung bietet der Vegetarismus Vorteile: So wird beispielsweise das Gewicht gesenkt, ohne das der Fettanteil der Ernährung erhöht wird. Bei einem zu hohen Fettanteil steigen nicht nur Cholesterin- und Blutwerte, sondern auch die Gefahr an Diabetes Typ II zu erkranken, wie dies bei einer Low-Carb-Ernährung der Fall ist.

4. Vegetarismus in der Gesellschaft

Fleisch gehört in unserer Gesellschaft schon zur Tradition und zur Kultur. So ist es üblich, dass es bei dem Großteil der deutschen Familien zu Ostern und Weihnachten einen übigen Festtagsbraten gibt. Ebenso gehört die Weißwurst zu Bayern und wird nun sogar in der Allianz- Arena verkauft, die Currywurst nach Berlin und das Fischbrötchen nach Hamburg. Natürlich lässt sich dies nur sehr schwer durch Soja und Falafel verdrängen. Dazu verbindet man unter anderem Lebenskraft, Stärke und Männlichkeit mit Fleisch. Trotz alldem rückt der Vegetarismus immer mehr in die Mitte der Gesellschaft. Früher wurde diese alternative Ernährungsweise verspottet und ausgelacht, heute gehört sie zu den neuen Trendernährungen und wird sogar als 'chic' angesehen. Die Idee der fleischlosen oder fleischarmen Ernährung ist noch nie so weit in unsere Gesellschaft vorgedrungen wie jetzt. Grund dafür sind zwei Bücher, welche die Diskussion über fleischlose Ernährung wie Katalysatoren angefeuert haben: „Anständig essen" von Karren Duve und „Tiere essen" von Jonathan Safran Foer. Aber auch an Universitäten ist dieses Thema mittlerweile angekommen und nicht nur Klimaforscher und Agrarwissenschaftler untersuchen den Zusammenhang zwischen der Fleischproduktion und Klimagas, sondern auch Philosophen und Soziologen diskutieren darüber, was uns dazu bewegt, immer häufiger auf Fleisch zu verzichten.

Mittlerweile findet man besonders in Großstädten viele Vegetarier vor und mit ihnen eine Vielzahl an Imbissen und Restaurants mit ausschließlich vegetarischen Menüs, ebenso Zeitschriften wie „ Vegetarisch genießen" oder „Kochen ohne Knochen", welche sich ohne Ausnahme auf vegetarische Gerichte spezialisiert haben.

Einmal im Jahr findet die sogenannte 'VeggieDay"-Streetparade statt, wo das kulinarische Angebot ausschließlich aus vegetarischen Gerichten besteht und Organisationen wie der VEBU für eine fleischfreie Ernährung werben und über die Massentierhaltung aufklären. Ebenso gibt es schon in mehreren Städten und Kommunen einen Veggie Day, also einen Tag an dem es in öffentlichen

Einrichtungen und Kantinen kein Fleisch oder Fisch gibt. So ein fleischfreier Tag findet in Deutschland unter anderem in Marburg, Münster und Göttingen statt. Bremen führte als 1. deutsche Stadt solch einen Tag ein. „Vorbild für Bremen ist die belgische Stadt Gent. Hier gibt es seit Mai 2009 einen `VeggieDag` – mit einer klaren Rechnung: Wenn die 240 000 Bürger der Stadt einmal in der Woche gänzlich auf Fleisch und Fleischprodukte verzichten, bedeutet das die Ersparnis der CO_2-Emissionen von 18 000 Autos im Jahr. Auf Bremen umgerechnet hieße das:

550 000 BürgerInnen essen 52 Tage im Jahr vegetarisch und ersparen der Atmosphäre die CO_2- Belastung von 40 000 Autos pro Jahr." (19)

Die Grünen nahmen sogar den Veggie Day in ihr Wahlkampfprogramm für die Bundestagswahlen auf. Allerdings zeigt gerade die negative Reaktion darauf, dass viele deutsche Bürger noch nicht bereit sind auf ihr tägliches Stück Wurst zu verzichten und der Vorschlag wurde als 'grüne Umerziehung' (20) betitelt und überwiegend von Männern und der älteren Bevölkerung abgelehnt (21).

Der Konsum von Fleisch wird in unserer Gesellschaft nicht mehr nur als private Sache abgetan, sondern wird heute vom ethischen und ökologischen Blickpunkt aus betrachtet und gilt nicht mehr als selbstverständlich. Der Druck, sich für seine „merkwürdige" Ernährung entschuldigen zu müssen ist von Vegetariern abgefallen, sie stehen nicht mehr als Minderheit da, sondern als Symbol für eine umweltfreundliche, bewusste und nachhaltige Ernährung.

4.1 ökologische Auswirkungen

Um zu sagen, welche positiven Auswirkungen der Verzicht auf Fleisch hat, muss man erst erörtern, welche negativen Folgen der steigende Fleischkonsum mit sich bringt.

Energetisch betrachtet ist die Fleischproduktion die schlechteste Bodennutzung: Rein rechnerisch könnte man auf der selben Fläche Land, welche benötigt wird, um 1kg Fleisch zu erzeugen im gleichen Zeitraum 200 kg Tomaten oder 180 kg Kartoffeln anbauen. Circa 67% der landwirtschaftlichen Nutzfläche eines Landes werden für die Produktion von Fleisch genutzt, dagegen nur 7% für den Anbau für Getreide und Gemüse. Der zunehmende Fleischverbrauch hat zur Folge, dass mehr und mehr Land gebraucht wird. Um dieses Land zu gewinnen, welches hauptsächlich als Weideland oder zum Anbau von Futtermitteln genutzt wird, wird der tropische Regenwald abgeholzt (22). Dazu kommt, dass für die Produktion von wenig Fleisch viel wertvolles Getreide an Schlachttiere verfüttert wird. Gibt man den Ertrag einer 500 Hektar großen Fläche Soja, Mais, Weizen und Reis als Nahrung ane Kühe, welche ebenfalls 500 Hektar Fläche einnehmen, büßt man 7/8 der bereits gewonnen Nahrungsenergie und 100% der gewonnen Faser-und Ballaststoffe wieder ein[2]. Durch den steigenden Bedarf an Fleisch steigt logischer Weise auch der Bedarf an Viehfutter, welches besonders für die Drittewelt - Länder ein Problem ist, was beispielsweise in Taiwan zuerkennen ist: Noch 1950 betrug der jährliche Bedarf pro Person 170 kg. Bis zur Jahrtausendwende versechsfachte sich der Fleischkonsum der Bevölkerung und der Bedarf an Getreide stieg auf 390 kg pro Person an. Um diese hohe Zahl decken zu können musste Taiwan 75% an Getreide importieren, während es 1950 noch exportierte (23). Rein rechnerisch könnte man mit der vorhandenen Fläche Ackerbau die gesamte Weltbevölkerung vegetarisch ernähren. China und Indien ernähren mit relativ wenig Ackerfläche mehr als 30% der Menschen weltweit, weil dort der Fleischkonsum sehr gering ist.

„Bitte essen Sie weniger Fleisch- Fleisch ist ein sehr CO2-intensives Produkt."
-Rajendra Pachauri, Vorsitzender des UNO-Weltklimarates

Der Treibhauseffekt wird durch die Gase Methan, Kohlendioxid und Stickstoff verursacht, welche in großen Mengen bei der landwirtschaftlichen Tierhaltung entstehen. Besonders die Rinderhaltung hat einen großen Anteil an den 15 Mio. Tonnen Methangas, welche jährlich durch die Tierhaltung verursacht werden. Die UN-Organisation stellte 2006 fest, dass die Viehwirtschaft der Hauptgrund für die Abrodung des Amazonasgebietes ist und ihr Einfluss auf den Treibhauseffekt höher ist als der weltweite Verkehr. Ebenso kamen sie zu dem Ergebnis, dass Nutztiere 8% des Trinkwassers verbrauchen und somit die größten Wasserverbraucher sind (24). Auf Grund der zunehmenden Wasserknappheit fand 2004 in Stockholm eine Konferenz statt, welche sich ausschließlich mit dem Wasserverbrauch der Weltbevölkerung befasste. Auf dieser Konferenz stellte man fest, dass eine Person, bei welcher die Ernährung zu 80% aus pflanzlichen und 20% tierischen Lebensmitteln besteht, einen Wasserverbrauch von 1200 m3 hat. In den westlichen Ländern beträgt der Anteil an tierischer Nahrung mehr als 30%.

---

[2] Siehe Anhang

Eine vegetarisch lebende Person dagegen verbraucht im Jahr nur knapp die Hälfte Wasser.

Der hohe Wasserverbrauch von Nichtvegetariern hat unter anderem zur Folge, dass in Indien Wasser aus 1000 m Tiefe hochgepumpt werden muss (25).

4.2 Vegetarismus bei Jugendlichen

Die fleischlose Ernährung findet bei Jugendlichen steigendes Interesse, besonders bei Mädchen im Alter von 13-18 Jahren. 12 % aller Vegetarier sind unter 20 Jahren und 15 % der Mädchen und 5 % der Jungen ernähren sich ohne tierische Produkte. Vegetarisch essende Teenager setzten sich oftmals bewusster mit ihrer Ernährung auseinander als andere Gleichaltrige und greifen weniger auf Fastfood zurück. Oftmals wird eine vegetarische Ernährung auch zur Reduktion des Übergewichtes empfohlen (26).

Grund für dieses Wachstum ist, dass immer mehr junge Leute anfangen zu hinterfragen, wo ihr Essen herkommt, was damit bereits passiert ist und wie es sich auf die Umwelt auswirkt. Angeführt von Jonathan Foer (Autor des Buches Tiere essen) ordnen sich viele Jugendliche den Neovegetarismus zu. Sie wollen Fleischesser nicht bekehren oder den Fleischkonsum verurteilen, sondern wollen viel mehr überzeugen und aufklären. Sie stellen nicht die Frage, ob man Tiere töten und essen darf, sondern wie lange wir und unsere Umwelt es uns noch leisten können. Somit steht bei dem Neovegetarier nicht der Fleischkonsum an primärer Stelle, sondern die sozialen und ökologischen Folgen, welche er mit sich bringt. Foer fordert auch in seinem Buch keine absolute Überzeugung und Hingabe, sondern Realitätswahrnehmung und Selbstkritik. Außerdem akzeptieren Neovegetarier den Konsum von Fleisch als Teilzeitlösung.

Besonders Jugendliche hinterfragen den heutigen viel zu hohen Fleischkonsum und stellen sich die Frage, wie lange unsere Umwelt die Auswirkungen noch aushält. Die heutige Generation der 14-25 jährigen sind die, welche die Folgen der Klimaerwärmung zu spüren bekommen werden und, logischerweise, ihre Kinder ebenfalls. Die Jugendlichen wachsen mit der Angst vor schmelzenden Eisbergen und dem damit folgenden Aussterben vieler Tierarten, aber auch mit dem sich erwärmenden Klima auf anderen Teilen der Erde auf. Seitdem wir klein sind, wird uns beigebracht, auf Nachhaltigkeit zu setzten und die Umwelt zu schonen. Ich glaube, dass genau das der Grund ist, warum mehr Teenager auf eine nachhaltige Ernährung setzten und die ökologischen Folgen von Fleisch bedenken.

4.3 Auswertung der Umfrage

Wie in meinen Vorbemerkungen bereits erwähnt, führte ich eine Umfrage über mein Thema Vegetarismus in den Klassen 10/1 und 10/2 und den Klassen 9/1 und 9/2 des Thomas-Mann Gymnasiums Oschatz, sowie in der Klassenstufe 10 der Oberschule Wermsdorf durch. Insgesamt beteiligten sich 40 Jungen und 45 Mädchen an meiner freiwilligen Umfrage, wovon jeweils 30 Jungen und 20 Mädchen eine sich vegetarisch ernährende Person im näheren Umfeld haben. Für meine Umfrage wollte ich zuerst wissen, wie sich die Person ernährt und inwiefern sie Vegetarismus für gesund hält. Dazu wollte ich wissen, welche Eigenschaften die Schüler einen Vegetarier zuschreiben und ihre eigene Meinung dazu. Ebenso erfragte ich, welche Gründe es gibt, sich gegen den Vegetarismus zu entscheiden und listete als Auswahl die bekanntesten und beliebtesten Ausreden auf. Als nächstes fragte ich, ob es für Fleischesser überhaupt Gründe gibt, zu einer vegetarischen Ernährung überzugehen. Bei der Umfrage waren Mehrfachnennungen möglich.

Es glauben 32,5% der Jungen und 38% der Mädchen, dass Vegetarismus eine gesunde Ernährungform ist. Somit hält der Großteil der befragten Schüler diese Ernährungsweise für ungesund.

Auf die Frage, warum sie kein Vegetarier sind, gaben die meisten an, dass ihn Fleisch zu gut schmeckt und sie den Geschmack vermissen würden. Ebenso gab die Mehrheit bei Jungen sowie bei Mädchen an, dass sie zu wenig Disziplin besitzen, um es konsequent durchzuziehen. Die männlichen Teilnehmer begründeten ihre Ernährungsweise noch mit der Antwort „ Die Tiere sterben sowieso" und „Die Tiere essen sich auch untereinander." Letzteres wurde ebenfalls von den Mädchen oft angekreuzt.

Fast 50% der Mädchen würde aus Mitleid zu den Tieren auf Fleisch verzichten, bei den Jungs wäre das nur rund ein Drittel. Ein anderer Grund, sich für eine vegetarische Ernährung zu entscheiden, wären die Lebensmittelskandale, wie Pferde- und Gammelfleisch oder dioxinverseuchte Eier. Die ökologischen Vorteile und dass eine fleischfreie Ernährung als gesund gilt, konnten die wenigsten überzeugen. Unter 15% der Jungen gab an, dass es für sie keinen überzeugenden Grund gibt.

Die Schüler der beiden Schulen schreiben Vegetariern überwiegend positive Eigenschaften zu wie zum Beispiel Klugheit, Tierliebe, Disziplin und Umweltbewusstsein. Das typische, alte Vegetarier-Klitschee von „klein, unterernährt, schwach und öko" existiert zwar immer noch, aber wurde zu meiner Überraschung relativ wenig genannt.

Bei meiner Umfrage stellte sich heraus, dass sich im Jahrgang der 10. Klassen drei Vegetarierinnen befinden, was den allgemeinen Bild von „jung, weiblich und gebildet" entspricht. Auch im Jahrgang der 9. Klasse unserer Schule ernährt sich eine weibliche Person fleischfrei. Auf der Oberschule Wermsdorf verzichtet hingegen kein Schüler auf Fleisch.

5. Schlussbemerkungen und persönliches Fazit

Ich bin schon seit 3,5 Jahren Vegetarierin und bin von dieser Ernährungsform im Hinblick auf Nachhaltigkeit und Gesundheit überzeugt. Meiner Meinung nach ist sie die gesündeste Ernährung und auch sehr abwechslungsreich und vitaminreich im Vergleich zur Mischkost. Mir fehlen keine Stoffe, welche ich nicht auf pflanzlicher Basis ersetzen könnte. Wichtig ist nur, dass ich meine Ernährung bewusst auswähle und nicht nur auf Fleisch verzichte. Ich kann alle unter 2.2 genannten gesundheitlichen Gründe nur bestätigen, da es auch mir seit meiner Ernährungsumstellung viel besser geht und ich weniger Haut-und Gewichtsprobleme habe und mich ebenfalls viel ausgeglichener und wohler fühle.

Allerdings glaube ich, dass es mehr darauf ankommt, was man in welchen Mengen zu sich nimmt und dass somit eine Ernährung, bei welcher man ein bis zweimal die Woche Fleisch oder Fisch isst, auch gesund ist. Jeder muss auf seinen Körper hören und selber wissen, wie er sich ernährt und was die beste Form für ihn ist.

Natürlich wird das Töten von Tieren weiter gehen, das liegt daran, dass egal wo der Mensch Lebensraum für sich beansprucht Tiere dafür sterben müssen. Zum Beispiel tötet auch der Bauer für seine Ernte Ungeziefer, Feldhasen und Wühlmäuse.

Vegetarier werben lediglich für mehr Verantwortung für den Umgang mit Tieren. Die zu beantwortende Frage ist nicht 'Kann man Tiere prinzipiell ohne Leiden und

Schmerzen aufziehen und töten?', sondern 'Wie werden Tiere in Wirklichkeit aufgezogen?'. Die Antwort darauf ist, dass das billig gekauft Fleisch aus Supermärkten von Tieren stammt, welche ihr Leben lang gelitten haben und leidvoll gestorben sind. Man sollte sich bewusst sein, dass Tiere genau das gleiche wie Menschen empfinden können und ein Schwein, wenn es eingepfercht in einem Transporter wird, genauso eine Panik verspüren kann wie Menschen, welche Platzangst haben. Auch spürt das Schwein, wenn es vom Schlachter längs aufgeschnitten wird, den gleichen Schmerz als wenn ich mich mit dem Küchenmesser schneide. Leidfreie Methoden für Aufzucht, Transport und Schlachtung für die Milliarden geschlachtete Tiere sind nicht realisierbar, da dies zu viel kosten würde und der Gewinn für die Unternehmen zu gering wäre. Die abschließende Frage, welche man sich stellen sollte ist somit nicht 'Ist es überhaupt richtig Fleisch zu essen?', sondern 'Ist es richtig dieses Fleisch zu essen?'

Ich bin der Meinung, dass die Anzahl an Vegetariern in Zukunft noch stark zunehmen wird, besonders werden sich mehr Jugendliche und Erwachsene bis 25 Jahren dafür entscheiden. Gründe dafür sind neben den ethischen, gesundheitlichen und ökologischen Gründen besonders das Hinterfragen der Folgen des Fleischkonsums. Ebenso glaube ich, dass, wenn man die Umwelt wirklich schonen will und den CO_2-Ausstoß verringern will, einen Veggie-Tag als Pflicht einführen sollte, anstatt E10-Bio-Benzin und Umweltplaketten einzuführen.

Literaturverzeichnis

1. [Buchverf.] Claus Leitzmann. *Vegetarismus. Grundlagen, Vorteile, Rsiken.*

2. Gabi Strobel. [Online] http://www.planet-wissen.de/alltag_gesundheit/essen/vegetarier/index.jsp,zuletzt aufgerufen 27.02.2014.

3. Umfrage des STERN-Magazins, veröffentlicht in Ausgabe Nr. 48 am 23.11.2000.

4. VEBU.

5. [Online] [Zitat vom:] http://www.euroveg.eu/lang/de/info/howmany.php.

6. [Online] [Zitat vom:] vebu.de/lifestyle/anzahl-der-vegetarierinnen.

7. Leitzmann, Claus. *Vegetarismus. Seite 10*

8. 1. Mose 9, 4.

9. [Buchverf.] Claus Leitzmann. *Vegetarismus, Seite 22.*

10. [Buchverf.] Claus Leitzmann. *Vegetarismus, Seite 25.*

11. Studie der American Cancer Society. 2008.

12. Freedman, Rory. [Buchverf.] Kim Barnouin. *Skinny Bitch, Seite 50.*

13. Angela Stoll. [Online] [Zitat vom:] http://www.stuttgarter-nachrichten.de/inhalt.orthorexie-krank-durch-gesundes-essen.eead4f14-56db-4288-afba-94b0c9b34e3b.html.

14. Hidensheim, Studie zur Gesundheit von Erwachsenen der Universität.

15. [Online] [Zitat vom:] http://www.welt.de/gesundheit/article117397731/Aufgepasst-wenn-Ihre-Kinder-fleischlos-essen.html.

16. [Buchverf.] Claus Leitzmann. *Vegetarismus, Seite 90-99.*

17. [Buchverf.] Rory Freedman. *Skinny Bitch, Seite 34.*

18. [Online] [Zitat vom:] http://www.ernaehrung-ist-gesund.de/2013/06/06/vegetarische-ernaehrung/

19. [Online] [Zitat vom: 27. 02 2014.] http://www.veggiday.de/veggiday/organisation/17-veggiday-bremen-2010.html.

20. Schäfer, Jan W. [Online] 06. 08 2013. [Zitat vom: 27. 02 2014.] http://www.bild.de/news/standards/bild-kommentar/gruene-umerziehung-genug-ist-genug-31676880.bild.html.

21. *FOSA-Umfrage.* 2013.

22. [Online] [Zitat vom: 27. 02 2014.] http://www.bio-hamburg.de/scripts/basics/bio-hamburg/news/basics.prg?a_no=210 .

23. During, Alan A. *Zeitbombe Viehwirtschaft, Seite 33.*

24. FAO, "Livestock's long Shadow". 2006 : s.n.

25. SVV, Schweizerische Vereinigung für Vegetarismus.

26. Dortmund, Forschungsinstitut für Kinderernährung.

27. Leitzmann, Claus. Vegetarismus. Grundlagen, Vorteile, Risiken. München : s.n., 2009, S. 10.

28. Foer, Jonathan. *Tiere essen.* Köln : s.n., 2010.

29. Barnouin, Rroy Freedmann und Kim. *Skinny Bitch. Die Wahrheit über schlechtes Essen, fette Frauen und gutes Aussehen.* München : s.n., 2008.

30. During, Allan A. *Zeitbombe Viehwirtschaft. Folgen der Massentierhaltung für die Umwelt. Eine ökologische Bilianz.* Schwalbach : s.n., 1993.

Anhang

Anhang 1

Kriterienkatalog einer gesunden Ernährung

- Deckung des individuellen Energiebedarfes und ausreichende Nährstoffversorung
-      Erhaltung   bzw.   Verbesserung   der   Gesundheit
- geeignet für alle Menschen in jedem Alter und in jeder Lebensphase   -
- Vorteile gegenüber anderen Ernährungsformen

Ebenso sollte die Ernährung aus

- 50-60% aus überwiegend komplexen Kohlenhydraten
- 10-25% Eiweiß
- 25-30% Fett bestehen.

Das Fett sollte sich aufteilen in

- mindestens 1/3 einfach ungesättigte Fettsäuren
- höchstens 1/3 mehrfach ungesättigte Fettsäuren und
- maximal 1/3 gesättigte Fettsäuren

Dazu sollte die Ernährung alle Vitamine und Mineralstoffe enthalten sowie mindestens 30g Ballaststoffe.

Anhang 2

Vergleich der gewonnenen Nährwerte von 500 ha Soja, Reis, Weizen, Mais und Rindfleisch

Auf einer Fläche von 500 ha kann man

-> 4.356 kg Sojabohnen gewinnen, welche

- 5.314.320 kcal
- 562 kg Kohlenhydrate (Kh)
- 165 kg 'gesunde Fette' (ungesättigte Fettsäuren) enthalten oder

-> 27.751 kg Reis anbauen, welcher

- 3.163.500 kcal
- 388.500 Kh
- 18kg gesunde Fette enthält oder

-> 4.333 kg Weizen anbauen, welcher

- 13.388.970 kcal
- 2.643.130 Kh
- 86 kg gesunde Fette enthält oder

- 17.413 kg Mais anbauen, welcher

- 12.537.369 kcal
- 1. 880.604 Kh
- 0g Fett enthält oder

-> Rinder halten, welche 275kg Fleisch hergeben, welches   -

- 30.250 kcal
- 0g Kh
- 0g gesunde Fette enthält.

Anhang 3

Auswertung der Umfrage und Darstellung als Diagramme

1. Hälst du Vegetarismus für gesund?

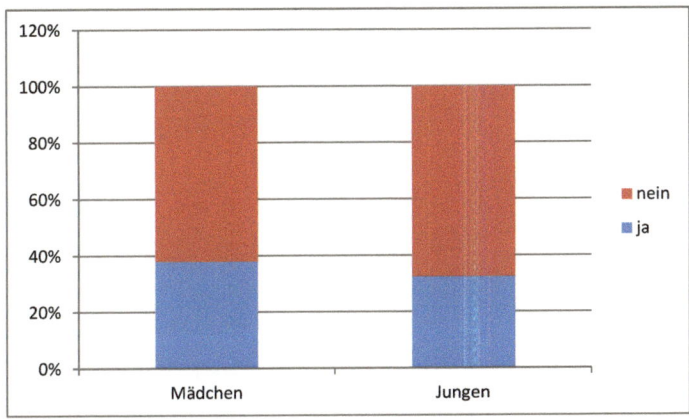

2. *Gründe für eine vegetarische Ernährung*

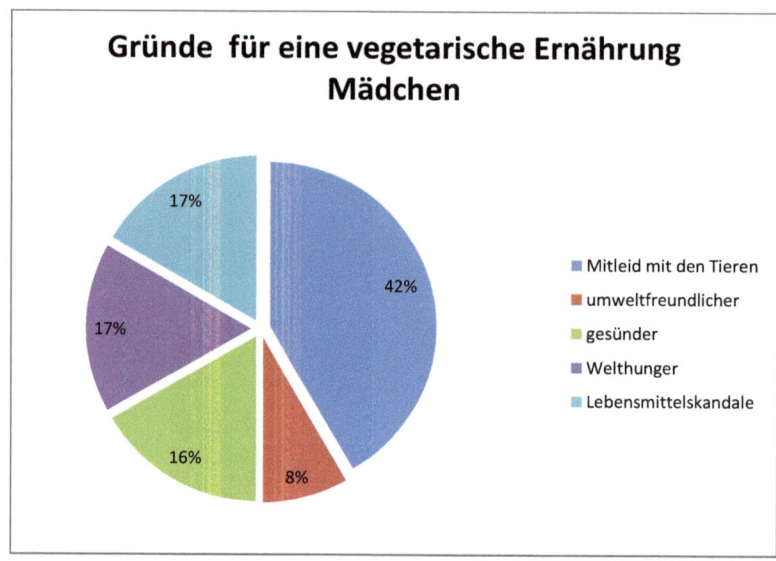

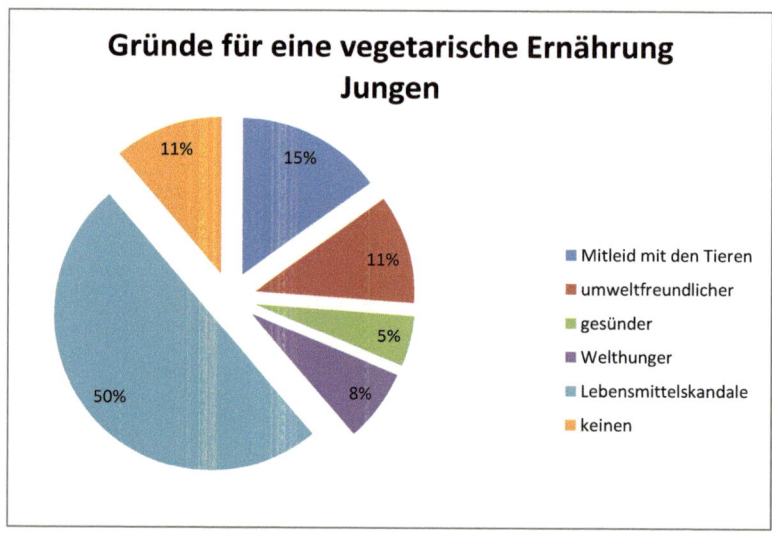

3. *Gründe für nichtvegetarische Ernährung*

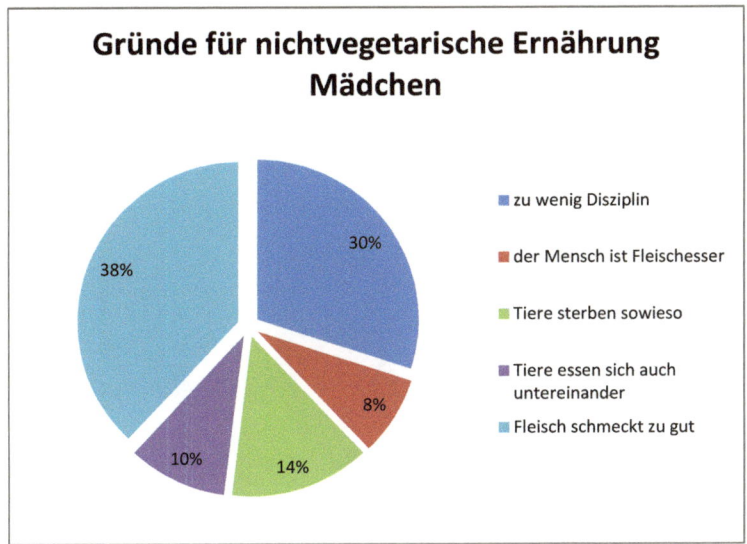

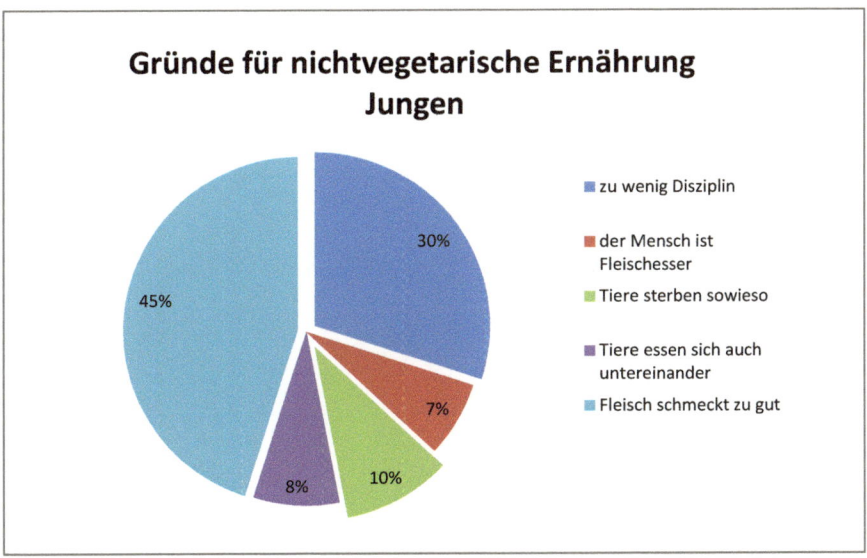

4. Wie ernährst du dich?

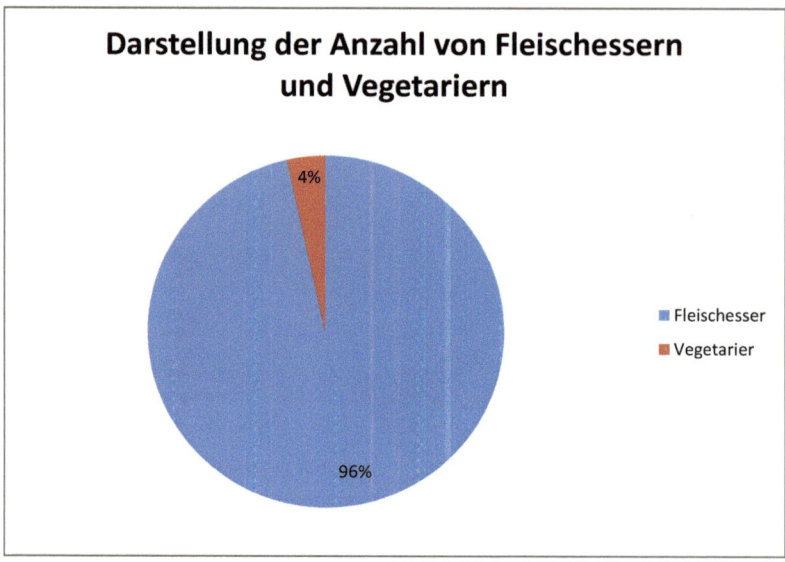